"十三五"国家重点出版物出版规划项目

丛书主编　田如森

筑梦科技
航天篇

神剑腾飞

刘登锐　编著

科学普及出版社

·北京·

图书在版编目（CIP）数据

神剑腾飞 / 刘登锐编著. — 北京：科学普及出版社，2019.9
（筑梦科技 / 田如森主编 . 航天篇）
ISBN 978-7-110-09632-1

Ⅰ. ①神… Ⅱ. ①刘… Ⅲ. ①导弹—青少年读物
Ⅳ. ①E927-49

中国版本图书馆CIP数据核字(2017)第174184号

策划编辑　许　慧　李　红　张秀智
责任编辑　韩　颖
责任校对　杨京华
责任印制　李晓霖
装帧设计　北京高博特广告有限公司

出　　版　科学普及出版社
发　　行　中国科学技术出版社有限公司发行部
地　　址　北京市海淀区中关村南大街16号
邮　　编　100081
发行电话　010-62173865
传　　真　010-62173081
网　　址　http://www.cspbooks.com.cn

开　　本　787mm×1092mm　1/16
字　　数　160千字
印　　张　7
版　　次　2019年9月第1版
印　　次　2019年9月第1次印刷
印　　刷　北京博海升彩色印刷有限公司
书　　号　ISBN 978-7-110-09632-1/E·41
定　　价　49.00元

《筑梦科技·航天篇》编委会

前 言

　　现代战争中，常常会从地面、空中、海上腾飞起一种名为导弹的武器，它划过长空，掠过海面，准确击中目标。自第二次世界大战以来，地地弹道式导弹、地空防空导弹、飞航式海防导弹、空空导弹都曾登上过战争的舞台，显示了巨大的威慑力量。

　　我国从 20 世纪 50 年代中期开始研制导弹武器，经过半个多世纪的发展，已经拥有了各种地地战略战术导弹、防空导弹、海防导弹和空空导弹，导弹装备技术达到了世界先进水平。

　　在 1984 年国庆 35 周年的阅兵盛典上，由 9 枚"东风"系列中程、远程和洲际导弹组成的战略导弹方队，16 枚反舰、潜射、岸防导弹组成的海军导弹方队，一支由 32 枚红旗地空导弹组成的空军导弹方队，首次亮相。在 1999 年国庆 50 周年的阅兵典礼中，第二炮兵的东风系列新型常规地地导弹、中程地地核导弹、远程地地核导弹 108 枚 5 个方队，海军的舰舰、舰空 4 种型号 3 个导弹方队，空军的 2 个地空导弹方队，通过天安门广场接受检阅。在 2009 年国庆 60 周年参加阅兵的队伍中，有第二炮兵的远程战略核导弹、中远程常规导弹、陆基巡航导弹、常规战术地地导弹方队，海军的舰空、岸舰、反舰导弹方队，空军的野战防空、中高空、远程地空导弹方队，大大增强了我国的国防力量。在 2015 年纪念抗日战争胜利 70 周年的阅兵中，既有新型液体和固体战略核导弹，也有新一代常规战术地地导弹；既有新型防空反导导弹，也有新一代的各种反舰导弹；既有洲际弹道式导弹，也有最新研制的巡航导弹；这些均展示了我国导弹装备的雄姿风采。

　　神剑倚天，雕弓飞箭，鹰击海空，霹雳弦惊。导弹腾空飞鸣，箭壮国威。我国自主研制的各种导弹武器为国家的领土、领空、领海筑起了坚固的钢铁屏障，成为保卫国家安全和维护世界和平的一支重要力量。

刘登锐

2018 年 11 月

CONTENTS
目录

前 言

海防导弹——鹰击海空　　　　　　　　74

空空导弹——霹雳弦惊　　　　　　　　98

后　记

地地导弹——神剑倚天

　　我国地地（包括潜地）弹道式导弹已经形成了从近程到洲际的战略战术导弹系列，实现了从液体导弹到固体导弹的转变，从陆地发射发展到潜艇水下发射，从固定阵地发射发展到机动隐蔽发射，拥有了有效的战略威慑力量和防御反击能力。

在 1984 年国庆 35 周年阅兵式上，东风系列中程、中远程和洲际导弹组成的战略导弹方队和巨浪潜射导弹方队接受检阅，标志着我国战略导弹技术和作战能力达到了一个新的水平。在 1999 年国庆 50 周年阅兵中，东风系列两个新型常规地地导弹方队、一个中程地地核导弹方队、一个远程地地核导弹方队通过天安门广场接受检阅；在 2009 年国庆 60 周年阅兵中，东风 15 号常规导弹方队、东风 11 号常规导弹方队、长剑 10 号陆基巡航导弹方队、东风 21 号中远程常规导弹方队、东风 31 号远程战略核导弹方队通过天安门广场接受检阅，标志着我国地地导弹的发展达到了一个新的高度。

2017 年 7 月 30 日，在庆祝中国人民解放军建军 90 周年的沙场阅兵式上，我国的地地战略和战术导弹方队威风凛凛地通过检阅台，这是我国大国地位、国防实力的显著标志。我国的地地导弹装备在维护国家利益，促进世界和平的事业中做出了卓越贡献。

我国地地导弹已构成一个核常兼备、固液结合、射程衔接的战略战术导弹装备体系。

我国于1956年10月8日成立导弹研究院——国防部第五研究院，著名科学家钱学森任院长。在钱学森的率领下，1958年首先从仿制苏联的P-2近程地地导弹起步，开始发展新兴的火箭、导弹事业。钱学森说："为了适应中国国防现代化的需要，必须立即开展火箭、导弹的研制工作。要在较短的时间内使我国喷气技术和火箭技术走上独立发展的道路，并接近世界的先进技术水平。"

基础工作

导弹吊装

导弹整体检测

导弹加注燃料

导弹运往发射场

东风一号近程地地导弹

我国研制的第一类导弹是 1958 年仿制苏联的 P-2 近程地地导弹，仿制代号 1059，1964 年正式命名为东风一号。

1059 导弹全长 17.7 米，最大直径 1.65 米，起飞质量 20.5 吨，射程 590 千米。火箭发动机采用液氧和酒精作推进剂，控制系统采用惯性和无线电横偏校正的混合制导方式。

东风一号近程地地导弹在发射场

　　1960 年 11 月 5 日，第一枚 1059 导弹在酒泉基地发射成功。这标志着我国拥有了自己生产的导弹，为独立发展导弹武器奠定了技术基础。聂荣臻元帅在当天举行的祝捷大会上兴奋地宣告："在祖国的地平线上，飞起了我国自己制造的第一枚导弹。这是我国军事装备史上一个重要的转折点。"

东风一号近程地地导弹在厂房

东风一号近程地地导弹转运发射场

技术人员和工人在认真工作

钱学森：中国"导弹之父"

钱学森是世界著名科学家，中国科学院、工程院院士，被誉为"中国导弹之父"。年轻时，在美国从事火箭技术研究。1955年，钱学森回到祖国，受命领导组织开展中国火箭、导弹的研究发展，在包括火箭、导弹在内的航天科技领域取得了辉煌成就，建树了卓著功绩，并荣获"两弹一星"功勋奖章、国家杰出贡献科学家及感动中国人物等荣誉称号。

钱学森手稿

钱学森授课

钱学森开讲导弹理论课

我国决定开展导弹研究之初，除钱学森，没有人见过和研制过导弹，所以需要进行导弹技术的"扫盲"工作。钱学森率先在国防部五院开讲《导弹概论》课，向科技人员和干部职工讲解导弹技术知识，启蒙和培养导弹研究人才。钱学森撰写讲授的《导师概论》打开了我国向导弹技术进军的道路。

钱学森在基地指导工作

钱学森为导弹取名

我国发展火箭武器之初，报纸上都把导弹称为"飞弹"。钱学森说："我想最好把'飞弹'改成导弹。所有的弹，不管是炮弹、枪弹都是飞的，我们讲'飞弹'与炮弹不同，就是它在飞行过程中是有控制的或者是有制导的，让它去什么方向是在控制之下，所以叫导弹就比较合适一点。"

链 接

火箭和导弹

火箭，是指靠火箭发动机喷射工作介质产生的反作用力向前推进的运载工具。它的特点是自身携带燃料（燃烧剂）和氧化剂，不依靠大气中的氧而独立产生推力，能在大气层外的真空中飞行。如果用于作战的军事目的而又没有控制系统，则是火箭武器。

长征 2F 运载火箭发射

东风 21 号导弹发射

导弹，是带有控制系统的火箭武器，是利用火箭自身发动机的推力，在制导系统的导引下飞向目标，并由所携带的战斗部（弹头）完成打击使命的武器。

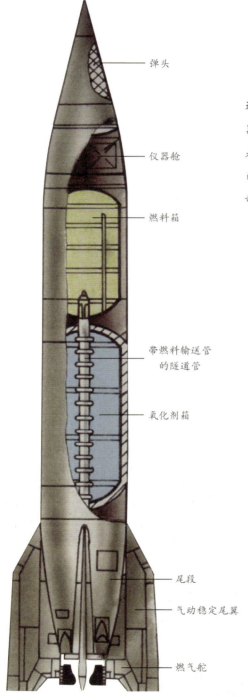

弹头

仪器舱

燃料箱

带燃料输送管
的隧道管

氧化剂箱

尾段

气动稳定尾翼

燃气舵

苏联 Р-1 导弹结构图

导弹的组成

　　导弹由运载器和战斗部（习惯称为弹头）组成。运载器是用来把战斗部送到目标的一种可控制飞行器，主要包括结构、推进和制导三个系统；战斗部是导弹上直接摧毁目标、最终完成战斗任务的部分，包括携带炸药的常规战斗部、携带核装置的核战斗部和携带生化武器的特种战斗部。

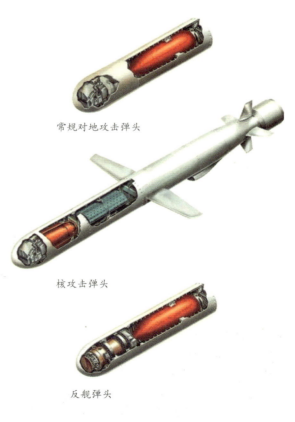

常规对地攻击弹头

核攻击弹头

反舰弹头

导弹的分类

　　按发射地点与目标位置的关系，导弹可分为从地面发射攻击地面目标的地地导弹，从地面发射攻击空中目标的地空（防空）导弹，从岸上、舰上和空中发射攻击水面舰艇的反舰（海防）导弹，从空中发射攻击空中目标的空空导弹等。

　　其中，地地导弹按射程远近又分为近程导弹（射程几十千米～600千米）、中近程导弹（射程600～1200千米）、中程导弹（射程1200～3000千米）、中远程导弹（射程3000～5000千米）、远程（洲际）导弹（射程5000～12000千米）。

　　按火箭发动机使用的推进剂类型，导弹可分为液体（燃料）导弹、固体（燃料）导弹和固液混合型导弹。

　　按作战使命不同，导弹可分为战略导弹和战术导弹。

　　按飞行弹道或飞行方式不同，导弹可分为弹道导弹和巡航导弹。

　　按结构不同，导弹可分为单级导弹和多级导弹。

　　按战斗部装药性质不同，导弹可分为装普通炸药的常规导弹和装核弹药的核导弹。

东风 15C 地地导弹

东风 5B 战略导弹

导弹武器的组成

导弹武器通常包括以下几个分系统：

推进系统——推进导弹飞行的动力装置，由火箭发动机和推进剂供给系统组成。

制导系统——控制导弹的飞行方向、姿态、高度和速度，使导弹稳定而准确地飞向目标。

弹头系统——用于杀伤目标的装置，又称战斗部，包括壳体、装药、引爆装置和保险装置。

弹体结构系统——安装弹上各系统的承力整体结构，常用优质铝合金、钛合金材料和玻璃钢等复合材料制成。

弹上电源系统——保证导弹各分系统正常工作的能源装置。

地面（机载、舰载）设备系统——包括导弹运输、测试和发射等地面设备及机载、舰载特种设备。

侦察瞄准（探测跟踪）系统——可以是弹上专用装置，也可以是地面制导设备的一部分。

指挥系统——导弹信息交换、沟通和指令的自动化控制通信系统。

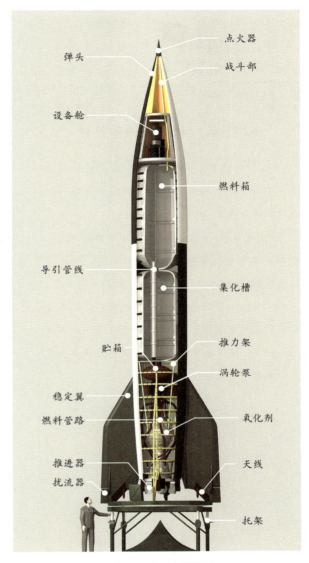

德国 V-2 导弹结构图

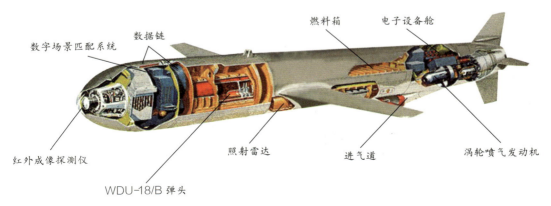

美国战斧巡航导弹结构图

世界上第一枚地地弹道导弹

第二次世界大战期间，德国在火箭专家冯·布劳恩的主持下，研制成功世界上第一种地地弹道导弹——V-2 导弹。

V-2 导弹长 14 米，弹径 1.6 米，弹重 14 吨，结构重量 4 吨，战斗部装药 750 千克，采用液体推进剂（酒精和液氧）火箭发动机作动力装置，射程约 240～370 千米。它是世界上首先用于实战的地地弹道导弹。1944～1945 年，德国法西斯用 V-2 导弹屠戮欧洲无辜居民，造成巨大灾难，但最终也未能挽救它覆灭的命运。

V-2 导弹

苏联 P-1 地地导弹

苏联 P-1 地地导弹

苏联在总设计师科罗廖夫的领导下改进德国的 V-2 导弹，于 1947 年研制成功 P-1 地地导弹。P-1 导弹长 14.96 米，直径 1.65 米，起飞重量 13 吨，常规弹头重 1 吨，采用液氧、酒精作推进剂的液体火箭发动机，射程 300 千米。这是苏联仿制的第一种地地导弹（P 是俄文"火箭"一词的第一个字母，故以 P 为导弹命名）。

1956 年，苏联向我国提供两枚供教学用的 P-1 导弹样品。同年年底，我国国防部第五研究院派任新民等专家赴满洲里车站，接收苏联运到中国的 P-1 导弹样品。

苏联的 P-2 地地导弹

苏联 P-2 地地导弹

苏联在 P-1 导弹的基础上，将射程增加一倍，于 1949 年自行研制成功 P-2 地地导弹，又称 SS-2 导弹（SS 系英文"地地"两词的第一个字母）。

美国红石地地近程导弹

美国在火箭专家冯·布劳恩的主持下，利用德国 V-2 导弹作基础，研制了第一种红石近程地地导弹。1956 年开始批量生产，1960 年停止生产。

红石导弹长 19.2 米，弹径 1.78 米，翼展 3.67 米，起飞质量 20.4 吨，采用一台液氧和酒精作推进剂的液体火箭发动机和惯性制导系统，射程 320～480 千米。

美国红石导弹在厂房

美国红石地地近程导弹

东风二号导弹矗立在发射架上

东风二号中近程地地导弹

东风二号是在仿制1059导弹的基础上，由我国自行研制的中近程地地导弹。东风二号导弹全长20.9米，最大直径1.65米，起飞质量29.8吨，火箭发动机采用液氧和酒精作推进剂，控制系统采用惯性和无线电横偏校正联合制导，射程达到1000～1200千米。

东风二号导弹于1960年开始方案设计，1962年年初完成总装测试，运往酒泉导弹综合试验基地。1962年3月21日，第一枚东风二号导弹进行飞行试验。导弹发射起飞10秒即出现较大摆动和滚动，偏离飞行轨道，发动机骤然起火；起飞仅69秒，导弹从空中坠落到离发射架300米处的地上，炸出一个大坑，烟尘高达100多米，发射失败。聂荣臻元帅鼓励参试人员："既然是试验，就有失败的可能。要吃一堑长一智，总结经验教训，以利再战。"

东风二号导弹

在钱学森的主持下，技术人员研究分析了这次飞行试验失败的主要原因，认为一是弹体作弹性振动与姿态控制系统相互作用发生耦合，导致导弹飞行失控；二是发动机强度不够，导致结构破坏而起火。针对这些问题，东风二号导弹技术人员修改设计，进行全弹试车和全弹振动试验，加强地面试验，提高了导弹的可靠性和质量，研制出新东风二号导弹。

1964 年 6 月 29 日，经过修改设计的东风二号导弹发射试验获得圆满成功。此后，东风二号导弹又先后进行了 7 次发射试验，均获得成功。聂荣臻元帅在庆功会上感慨地说："1962 年试验未成功，这个'插曲'很有意义。在经历一次挫折后，不言放弃，决不退缩，不管条件多么艰苦、技术多么困难，只要坚定信念，奋起前进，就一定能取得胜利。"

任新民（前排左一）、钱学森（前排左二）、聂荣臻（前排左三）等在发射场

林爽：东风二号导弹总设计师

我国导弹事业的领导人之一。1956 年任国家航空委员会五局副局长、副总工程师。1957 年任国防部第五研究院副院长、五院一分院副院长。1962 年任五院第一总设计室总设计师。1965 年任第七机械工业部四院院长。1978 年任第七机械工业部副部长。

1962 年 5 月，林爽担任东风二号导弹总设计师。他主持制定了设计师系统的工作制度，负责技术协调，直至东风二号导弹研制完成，发射成功。后来又组织固体火箭发动机的研制发展，参与领导液体洲际导弹的研制生产，为我国导弹事业的发展做出了贡献。

链接

苏联 P-5 地地导弹

苏联于 1954 年研制成功 P-5 中近程地地导弹。导弹全长 20.75 米，直径 1.45 米，起飞质量 28.4 吨，射程 1200 千米。1957 年，P-5 导弹在莫斯科红场的十月革命节阅兵式上亮相。

苏联 P-5 地地导弹

美国丘辟特地地导弹

1959 年 1 月，美国研制试验成功丘辟特地地导弹。丘辟特系单级液体导弹，弹体由前、中、后三个舱段组成，前段是仪器舱，中段是液氧箱和燃料箱，后段为尾部。弹长 18.4 米，弹径 2.67 米，起飞质量 48 吨，射程可达 2000 千米。

美国丘辟特地地导弹

东风二号甲导弹核武器

1965 年 2 月，中央专门委员会决定对东风二号导弹进行改进，增加 20% 的射程。经过改进设计的东风二号甲导弹提高了发动机的推力，减轻了结构重量，将惯性和无线电混合制导改为全惯性制导，满足了载原子弹进行"两弹结合"试验的要求。

1966 年 3 月，周恩来总理主持中央专门委员会，决定利用东风二号甲导弹进行运载原子弹的"两弹结合"试验，即先进行"冷"试验（不装核材料）、后进行"热"试验（装核材料爆炸）。周总理指示，"两弹结合"试验关系重大，要保证不出乱子，做到绝对可靠、万无一失。1966 年 6 月 30 日，周总理到酒泉导弹试验基地观看中近程导弹发射试验，检查导弹核武器试验的准备情况。同年 10 月，周总理在听取"两弹结合"试验准备工作汇报时提出了"严肃认真，周到细致，稳妥可靠，万无一失"的要求。

1966 年 10 月前，东风二号甲导弹进行了 4 次飞行试验和 2 次运载核弹头的"冷"试验。1966 年 10 月 27 日，在我国西北导弹试验靶场，东风二号甲导弹载着原子弹头发射升空，随后在靶心上空实现核爆炸，"两弹结合"试验取得圆满成功。

东风二号甲导弹发射

1966 年 10 月 28 日，新华社发布《新闻公报》宣告：1966 年 10 月 27 日，中国在本国的国土上，成功地进行了导弹核武器的试验。导弹飞行正常，核弹头在预定的距离精确地命中目标，实现核爆炸。

毛泽东主席在听取"两弹结合"试验的汇报时说过：谁说我们中国人搞不成导弹核武器，现在不是搞出来了嘛！

中国从此拥有了自己的导弹核武器，标志着我国的国防现代化又向前推进了一大步。

聂荣臻元帅（右二）、钱学森（右一）等观看"两弹结合"试验

搭载原子弹弹头的东风二号甲导弹

谢光选：导弹核武器技术协调组组长

弹道导弹与运载火箭技术专家，中国科学院院士。1957 年调入国防部第五研究院一分院，作为总体主任设计师，主持和参加我国第一代液体弹道导弹和运载火箭的研制试验工作。1964 年任东风二号甲"两弹结合"试验技术协调组组长，推动我国首次导弹核武器发射试验取得成功。1977 年任七机部一院副院长，并出任长征三号运载火箭总设计师，为保证我国通信卫星工程的成功和圆满完成首次对外发射卫星服务做出了贡献。

东风三号中程地地导弹

东风三号导弹加注燃料

东风三号由我国完全独立研制，是采用全新设计，全部材料和元器件立足国内的中程地地导弹。

1965 年 3 月确定总体方案。东风三号导弹全长 20.65 米，最大直径 2.25 米，起飞质量 65 吨，动力系统采用可贮存的硝酸和偏二甲肼作推进剂，控制系统为捷联式双补偿惯性制导方式，射程 3000 千米。

1966 年 12 月 26 日，东风三号导弹首发试验取得基本成功。之后又发射试验两枚东风三号导弹，但由于发动机局部结构存在薄弱环节，在导弹飞行主动段后期出现推力下降的情况。科技人员深入沙漠腹地的弹着区，找到了发动机残骸，从掌握的第一手材料中分析推力下降源于推力室内壁撕裂，并着手解决这一问题。

经过一系列试验的严格考核，东风三号导弹武器系统的战术技术指标均达到设计要求。1968 年 5 月和 6 月，东风三号导弹两次发射试验均获成功。1968 年 12 月、1969 年 1 月，东风三号导弹又成功地进行了两次全程飞行试验。1975 年，东风三号中程导弹批准定型，装备部队。

东风三号导弹在发射基地

"八年四弹"规划

1965 年,在钱学森的主持下,七机部制定了《地地导弹发展规划》(即"八年四弹"规划),提出 1965—1972 年要研制成功增程的中近程、中程、中远程、远程(洲际)4 种液体弹道导弹。这样就形成了东风二号甲中近程、东风三号中程、东风四号中远程、东风五号远程(洲际)第一代液体地地导弹系列。

东风二号甲导弹

东风三号导弹

东风四号导弹

东风五号导弹

东风三号导弹加注燃料

液体地地导弹

按火箭发动机使用推进剂(燃料)的不同,分为液体(燃料)导弹、固体(燃料)导弹、固液混合型导弹。我国东风一号至东风五号地地导弹的动力系统都采用液体推进剂(燃料)火箭发动机,推进剂包括氧化剂和燃烧剂(燃料)两部分。其中,东风二号导弹发动机的推进剂是液氧和酒精,东风三号和东风四号导弹发动机的推进剂是硝酸和偏二甲肼,东风五号导弹发动机的推进剂是四氧化二氮和偏二甲肼,所以都属于液体燃料导弹。

链接

苏联中程地地导弹

苏联于1957年研制成功SS—4地地导弹，又称凉鞋导弹。1961年又研制装备了SS—5地地导弹，又称短剑导弹。导弹全长24.5米，直径2.44米，起飞质量55吨，最大射程3500千米，弹头威力100万吨TNT当量。它是苏联从地下井发射的中程地地导弹。

苏联中程地地导弹

美国雷神中程地地导弹

1957年10月，美国发射成功第一枚雷神中程地地导弹。雷神系单级导弹，采用液氧和煤油作推进剂的液体火箭发动机，控制系统采用全惯性制导。导弹弹长19.8米，弹径2.44米，起飞质量49.9吨，射程2400～3200千米。

印度烈火中程弹道导弹

印度于1989年首次发射成功烈火中程弹道导弹。导弹全长18.4米，弹径1.3米，起飞质量16吨，第一级使用固体火箭发动机，第二级使用液体火箭发动机，采用惯性制导系统，射程2500千米。

美国雷神中程地地导弹

印度烈火中程弹道导弹

东风四号中远程地地导弹

东风四号中远程地地导弹

1965 年，我国就开始研制东风四号中远程地地导弹，由任新民主持研制工作。

东风四号导弹采用两级火箭方案，第一级以中程导弹为基础，并稍作修改；第二级为新设计的火箭。导弹全长 29 米，最大直径 2.25 米，起飞质量 82 吨，射程可达 4000 千米。经过 4 年多的努力，攻克了二级火箭发动机高空点火、级间连接和分离等技术难关，于 1969 年完成研制工作。

东风四号中远程地地导弹接受检阅

1969 年 11 月，东风四号导弹进行全程飞行试验。由于指令系统发生故障，两级未及分离，导弹姿态失稳在空中自毁。1970 年 1 月 30 日，东风四号导弹进行第二次飞行试验，首获成功。之后又进行了多次飞行试验，均获成功。

东风四号中远程地地导弹在发射场

东风四号中远程地地导弹接受检阅

任新民："两弹一星"功勋奖章获得者

　　我国导弹技术的开创者之一，著名航天技术和火箭发动机专家，中国科学院院士。他是我国第一个自行设计液体中近程地地导弹的副总设计师；作为七机部第一研究院副院长和七机部副部长，先后参与组织领导了中程、中远程、远程地地导弹的研制、试验。他是东风四号导弹的技术负责人，组织领导完成了导弹自研制和发射任务，并组织研制长征一号运载火箭，保证了我国第一颗人造卫星发射成功。后来，又先后担任卫星通信工程、气象卫星工程、对外发射卫星工程等航天工程的总设计师，为推动中国航天事业的发展做出了突出贡献。

东方红一号人造地球卫星

第一枚运载火箭长征一号发射成功

　　东风四号中远程地地导弹的发射成功，为研制发射人造卫星的运载火箭奠定了基础。我国第一种运载火箭长征一号即以两级液体火箭的东风四号导弹为基础并作一些改进，再加上新研制的第三级固体火箭发动机，形成一种三级运载火箭。1970 年 4 月 24 日，由东风四号导弹改装研制的长征一号运载火箭成功地将我国第一颗人造卫星东方红一号送上太空。

长征一号运载火箭矗立在发射架上

长征一号运载火箭整流罩吊装

东方红一号人造卫星在技术厂房

链接 苏联固体机动中程弹道导弹

1965年5月，苏联在莫斯科红场阅兵式上展出了SS-14固体机动中远程导弹。SS-14为两级固体导弹，弹长10.6米，最大弹径1.4米，起飞质量28吨，带500千克的热核弹头，陆地机动发射，射程4000千米。

1965年11月，莫斯科红场阅兵式上首次展出了SS-15两级固体导弹。导弹发射筒长18.9米，发射筒直径2米，起飞质量26吨，射程5000千米。

1975年，苏联发射成功SS-20固体中远程导弹。导弹长16.5米，最大弹径1.7米，起飞质量33吨，采用分导式多弹头，地下井发射或地面机动发射，射程5000千米。

东风五号远程（洲际）导弹

东风五号远程（洲际）导弹

1965 年，我国开始研制东风五号远程地地导弹。1970 年组织大会战。1971 年进行了不同状态和不同射程的试验。1971 年 9 月 10 日，进行首次低弹道飞行试验，取得基本成功。1978 年以后，东风五号导弹多次进行低弹道和高弹道飞行试验，均获成功。

由于东风五号导弹要在 1980 年进行全程飞行试验，即向太平洋海域发射远程导弹，代号为 580 任务。因此，1979 年 12 月 31 日 24 时前要完成发射的一切准备工作。仅直接参加试验（包括测试发射、陆上测量、海上测量、海上护航和通信、气象、水文、航空等系统）的人员近 7 万人。

发射井中的东风五号导弹

东风五号远程导弹发射

1980年5月9日，新华社发表公告：中华人民共和国将于1980年5月12日至6月10日，由中国本土向太平洋南纬7度0分、东经171度33分为中心，半径70海里圆形海域范围内的公海上，发射运载火箭试验。

1980年5月18日上午10时，东风五号洲际导弹在酒泉发射基地点火起飞，穿越国土上空，扶摇万里，30分钟后导弹在南太平洋预定海域溅落，发射获得圆满成功。我国成为世界上第三个进行洲际导弹全程飞行试验的国家。

东风五号远程导弹运往发射场

东风五号导弹发射前

东风五号导弹数据舱安全回收

1980 年 5 月，东风五号导弹海上试验队有 18 艘舰船和 10 架直升机编队出航，到落区执行回收任务。

当东风五号飞行到达南太平洋预定海域上空几千米高度时，数据舱自动从火箭头部弹射出来，张开降落伞，徐徐飘落到海面上，火箭头则激起 100 多米高的水柱后入海。数据舱落水时，荧光染色剂把蔚蓝色的海水染成翠绿色，像一条长长的锦带漂浮在海面上，绚丽多彩。舰船上的航测直升机发现目标，马上发出信号；打捞直升机立即飞向目标，由潜水员将数据舱打捞上来，回收成功。

我国远望号航天测量船远赴南太平洋参加东风五号洲际导弹全程发射和回收试验，胜利完成任务。

张爱萍将军赋词《采桑子·海上特混编队凯旋》：出师告捷军威震，远征归来。胜利归来，列阵大洋誉满载。扬波蹈海开新纪，初试雄才。大展雄才，永固国疆庆奏凯。

打捞出水后的东风五号导弹数据舱

参与打捞任务的远望号航天测量船

屠守锷：东风五号导弹总设计师

我国导弹技术开创者之一，著名导弹技术与火箭结构强度专家，"两弹一星"功勋奖章获得者，中国科学院院士。他先后担任过中近程、中程导弹的副总设计师，洲际导弹和长征二号运载火箭的总设计师，力主和支持研制成功长征二号大型捆绑式运载火箭，为推动我国航天技术的发展做出了突出贡献。

叶剑英元帅、张爱萍将军接见参与东风五号导弹海上回收人员

我国洲际导弹发射成功庆祝大会

1980 年 6 月 10 日，在北京召开庆祝我国远程运载火箭发射成功大会。这次发射成功表明中国人民在掌握现代精密科学技术的道路上前进了重要的一步，表明中国的国防实力有了新的提高和增强。

张爱萍将军填词《清平乐》一首，赞东风五号导弹发射成功：东风怒放，烈火喷万丈。霹雳弦惊周天荡，声震大洋激浪。莫道生来多难，更喜险峰竞攀。今日雕弓满月，敢平寇蹄狼烟。

东风五号导弹飞行测控大厅

东风五号导弹

链接

苏联 P-7 洲际导弹

在总设计师科罗廖夫的领导下，苏联开始研制 P-7（SS-6）洲际导弹，并于 1957 年 8 月 21 日发射成功。

P-7 洲际导弹弹长 30 米，直径 2.5 米，采用一台主发动机和 4 台助推发动机作动力装置，翼展 10.3 米，起飞质量 300 吨，最大射程 8000 千米。1957 年 10 月 4 日，苏联将 P-7 洲际导弹改装成卫星号运载火箭，成功发射世界上第一颗人造卫星。

苏联 P-7 洲际导弹

苏联 SS-18 洲际导弹

苏联 SS-18 洲际导弹

SS-18 洲际导弹采用两级液体火箭发动机。弹长 36.5 米，直径 3 米，发射质量 211 吨，10 个弹头重 8.8 吨，最大射程 11000 千米。由于采用液体推进剂，其体积庞大、反应较慢，命中精度 350～440 米。

苏联 SS-19 洲际导弹

SS-19 洲际导弹弹长 27 米，发射质量 105 吨，共载 6 个分导式（220 万吨级）核弹头，射程 10000 千米，命中精度 380～550 米。

苏联 SS-19 洲际导弹

美国宇宙神洲际导弹

美国于 1959 年装备宇宙神液体洲际导弹。1957—1962 年，共进行了 87 次研制性飞行试验，其中 59 次成功、18 次部分成功、10 次失败。1965 年后改作航天运载火箭。

宇宙神洲际导弹动力装置采用液氧和煤油作推进剂的 3 台液体火箭发动机，控制系统采用惯性制导。导弹全长 25.1 米，弹径 3.05 米，起飞质量 121 吨，射程 12000 千米。

美国宇宙神洲际导弹

美国大力神洲际导弹

美国大力神洲际导弹

美国大力神液体洲际导弹由弹头、仪器舱、一级弹体、二级弹体、级间段、动力装置和尾段组成。它有两种型号：

大力神 1 型弹长 29.9 米，弹径 3.05 米（一级）、2.40 米（二级），起飞质量 99.7 吨，发动机采用液氧和煤油推进剂，控制采用无线电-惯性制导系统，射程 10000 千米。

大力神 2 型弹长 33.52 米，弹径 3.05 米，起飞质量 149.7 吨，发动机采用可贮存的四氧化二氮和混肼 50 作推进剂，控制采用全惯性制导系统，射程 11700 千米。

东风 21 号和东风 31 号固体战略导弹

在 2009 年国庆 60 周年阅兵式上，出现了东风 21 号中远程常规导弹方队和东风 31 号远程战略核导弹方队。东风 21 号和东风 31 号都是固体战略导弹。

东风 21 号地地导弹

1967 年，我国开始研制固体地地导弹。1981 年，我国第一种固体地地导弹在华北导弹试验基地进行发射台试验，取得成功。1984 年后进行第二批固体地地导弹飞行试验，达到了鉴定导弹武器系统主要战术技术性能的目的。1985 年 5 月，用三用车发射固体导弹成功，标志着我国陆基机动发射的固体战略导弹诞生。1987 年，用改进后的地面设备进行中程地地固体导弹发射试验，获圆满成功。

东风 21 号地地导弹

东风 31 号远程地地导弹

1999 年 8 月 2 日，新华社发布消息称，我国成功地进行了一次新型远程地地导弹发射试验，这标志着我国的导弹技术发展到了一个新的高度。这种新型远程导弹在 1999 年国庆 50 周年的阅兵式上首次亮相。2009 年国庆 60 周年阅兵方队中，有 8 枚远程战略导弹参加了阅兵典礼。

在东风 31 号远程地地导弹的基础上，我国又研制成功了东风新型固体洲际弹道导弹。

东风 31 号远程地地导弹

链　接

固体地地导弹

固体地地导弹是指它的动力装置采用固体燃料火箭发动机，由陆基机动发射打击敌方地面目标的导弹，具有结构紧凑、机动性好、可靠性高、辅助设备少、维护简便、生存能力强、发射准备时间短等优点。

祝固体导弹首发成功
张爱萍

体态天工巧，
玲珑一代骄。
蓦地腾空起，
神力镇海魈。

东风 21 号导弹

东风 16 号导弹接受检阅

战略导弹

战略导弹是指携带大当量弹头和射程较远的运载工具，用以攻击敌方各种战略目标（如政治经济中心、军事和工业基地、核武器基地、重要港口、交通枢纽等），保卫己方战略要地的武器。

东风 5B 号导弹发射

东风 5B 号导弹接受检阅

苏联 SS-25 固体洲际导弹

SS-25（白杨）固体洲际导弹采用三级固体火箭发动机。导弹全长 21.5 米，直径 2.4 米，单弹头当量 550 万吨，射程 10500 千米，命中精度 220 米。既可从地下井发射，也可车载发射。

苏联 SS-25 固体洲际导弹

印度烈火 5 型导弹

印度烈火 5 型导弹

2012 年 4 月 19 日和 2013 年 9 月 15 日，印度先后两次试射成功烈火 5 型远程导弹。导弹长 17 米，自重 50 吨，采用固体火箭发动机，有效载荷 1 吨，可携带多枚核弹头，射程超过 5000 千米。

俄罗斯白杨 M 洲际导弹

俄罗斯白杨 M (SS-27) 洲际导弹，即 PC-12M 洲际导弹，采用三级固体燃料火箭发动机。导弹长 22.7 米，弹径 1.95 米，发射质量 47.2 吨，射程超过 10500 千米。地下井发射为 PC-12M2 型，公路机动发射为 PC-12M1 型。

俄罗斯白杨 M 洲际导弹

美国第三代洲际导弹

民兵 3 洲际导弹：弹长 18.26 米，弹径 1.67 米，发射质量 35.4 吨，采用三级固体火箭发动机加一个末端助推系统，射程 9800 ～ 13000 千米，命中精度 120 米。

侏儒洲际导弹：弹长 16.15 米，弹径 1.17 米，发射质量 16.8 吨，射程 10000 ～ 12000 千米，命中精度 30 米。侏儒导弹装在加固的发射车上机动发射，机动速度 96 千米／时，机动范围 3 万多平方千米，提高了导弹的生存能力。

和平卫士 (即 MX) 洲际导弹：弹长 21.6 米，弹径 2.34 米，发射质量 88.45 吨，最大射程 11000 千米。采用三级固体火箭发动机加一级末助推液体火箭发动机，装有 10 个威力为 50 万吨级的分导式核弹头。

民兵 3 洲际导弹

和平卫士洲际导弹

侏儒洲际导弹运载车

东风 11 号和东风 15 号战术地地导弹

在 1999 年国庆 50 周年和 2009 年国庆 60 周年的阅兵式上，东风 11 号和东风 15 号两个常规战术导弹方队出现在人们的视野中。

东风 11 号常规地地导弹

1987 年发射试验成功，1992 年后多次进行定型飞行试验，均获成功。1994 年完成定型飞行试验任务。

这种常规地地导弹机动性能好，反应速度快，命中精度高，杀伤威力大，突防能力强。在参加的多兵种联合演习中全部精确命中目标。

东风 11 号导弹

东风 11 号导弹接受检阅

东风 15 号常规地地导弹

　　1988 年在北京国际防务展览会上公开露面。1995 年 7 月,在我国东海海域进行导弹发射训练中,创下 6 发导弹全部准确命中目标的优秀成绩。1996 年 3 月,在向东南沿海海域进行的导弹发射演习中,4 枚导弹准确命中目标,取得试验成功。

东风 15 号常规地地导弹

东风 15B 号导弹接受检阅

链接

美国潘兴战术地地导弹

1960年，美国研制成功固体机动的潘兴地地战术导弹，并于1962年6月装备部队。潘兴导弹由头部、仪器舱、一级与二级固体火箭发动机、裙部组成，采用全惯性制导系统。

潘兴导弹弹体呈圆柱形，头部为细长锥形。弹长10.5米，弹径1.01米，发射质量4.6吨，地面机动发射，射程160～720千米。经过改进的潘兴2导弹，射程提高到160～1800千米。

潘兴战术地地导弹

大地近程地地导弹

印度大地近程地地导弹

印度研制的大地近程地地导弹于1995年装备部队。导弹长9米，最大直径1.1米，中段装有4个削去翼尖的三角翼，尾段装有4个小尾翼。动力装置为单级液体推进系统，采用捷联惯性制导系统，起飞质量4吨，有效载荷500～1000千克，射程150～450千米。每个导弹连配备4辆运输、起竖、发射车，攻击目标为机场、指挥中心、雷达站等。

苏联飞毛腿战术地地导弹

苏联早期研制的飞毛腿单级液体弹道导弹有4个型号，其中A型弹长10.2米，弹径850毫米，翼展1.5米，起飞质量4.5吨，弹头重1吨，用车载地面机动发射，最大射程300千米。在1991年的海湾战争中，伊拉克共发射88枚飞毛腿导弹。

P-17型战役战术导弹

飞毛腿地地弹道导弹

战术地地导弹

战术地地导弹是指用于支援战场作战，攻击敌方战术纵深目标的导弹。即从地面发射，攻击射程一般在600千米以内的地面目标，如集结的部队、飞机、舰船、坦克、雷达、指挥所、机场、港口、交通枢纽和桥梁等。

东风导弹阵地

巨浪一号潜地导弹

1977 年，中国提出研制从潜艇水下发射固体导弹的任务，导弹命名为巨龙一号，后改名为巨浪一号。黄纬禄被任命为总设计师。

巨浪一号潜地导弹的两级动力装置采用固体火箭发动机。在研制过程中，克服了水下发射、大型固体发动机材料与结构、控制系统平台计算机、遥控安全装置、发动机高空点火等技术难关。按照"台、筒、艇"的三步程序，导弹通过了遥测弹的陆上发射台、陆上发射筒和常规潜艇三种发射状态的试验。1970 年 8 月，全尺寸模型弹在南京长江大桥进行了多次落水冲击试验；1972 年 10 月，进行了模型弹首次真实海情的潜艇水下弹射试验；1980—1981 年，先后组织了试样产品的陆上发射台、陆上发射筒状态的匹配试验以及导弹弹上系统与潜艇装艇设备之间的匹配试验，基本完成了导弹弹上设备和发射控制设备试样研制阶段的任务。1981—1982 年，先后多次进行陆台发射试验和陆筒发射试验并获成功。

1982 年，巨浪一号固体导弹进入潜艇水下发射试验实施阶段，命名为 9182 任务，要求在 1982 年 9 月 30 日晚 12 时之前完成一切试验准备工作。

　　1982 年 10 月 1 日，新华社发表公告，宣布中国将于 10 月 7 日至 10 月 26 日向以北纬 28 度 13 分、东经 123 度 53 分为中心，半径 35 海里的圆形海域范围内的公海上发射运载火箭。

　　1982 年 10 月 7 日，巨浪一号导弹用常规动力潜艇进行第一次遥测弹发射试验，但出水点火后不久便失控翻转，在空中自毁。经过分析故障原因、采取措施排除故障后，10 月 12 日 15 时，巨浪一号固体导弹自潜艇上发射，导弹跃出水面，飞行正常，准确落入预定海域，试验发射取得圆满成功。

　　巨浪一号潜地导弹发射成功，标志着我国的战略导弹从使用液体燃料发展到使用固体燃料，从陆上发射发展到水下发射，从固定阵地发射发展到隐蔽机动发射，我国成为世界上第五个拥有潜艇水下发射导弹能力的国家。

　　1982 年 10 月 16 日，中共中央、国务院、中央军委发出贺电指出：这次试验成功，标志着中国运载火箭技术又有了新的发展。

　　此后，我国还研制成功了巨浪二号潜射弹道导弹。

黄纬禄为庆祝巨浪一号发射成功赋诗一首：

龙腾虎啸刺九霄，群情振奋心暗焦。
航程段段传喜讯，忧虑之情渐渐消。
忽闻落区传捷报，万众欢腾齐跳跃。
弹头中靶精度高，胜者心潮如惊涛。

工作中的黄纬禄

张爱萍将军与黄纬禄

1982 年 10 月 16 日，张爱萍将军填词一首，盛赞巨浪一号导弹潜艇水下发射成功。

浪淘沙·喜潜艇导弹水下发射成功

形胜渤海湾，浩荡无边，
群龙追逐雪花翻。
一代玲珑神工手，险峰敢攀。
奇鲸龙宫潜，红火凌烟。
虎啸腾飞破云山。
哪怕狂风激恶浪，雷震海天。

黄纬禄：巨浪一号导弹总设计师

我国导弹技术开创者之一，著名导弹和火箭控制技术专家，"两弹一星"功勋奖章获得者，中国科学院院士。曾担任东风二号液体导弹控制系统总设计师，提出地地液体导弹的控制系统方案，组织技术攻关，解决了地地导弹从中近程到远程、从单级到多级发展中的一系列控制技术问题。担任巨浪一号固体潜地导弹总设计师，突破了我国地地弹道导弹从液体向固体的转变，攻克了固体潜地导弹技术，保证我国固体潜地导弹发射成功，为我国导弹技术的发展做出了突出贡献。

核动力潜艇发射巨浪一号导弹

1988年9月15日，我国用核动力潜艇多次从水下发射巨浪一号导弹，弹头准确溅落在预定海域，试验发射获得圆满成功。9月27日，中央电视台报道我国首次从核潜艇水下发射运载火箭取得成功。

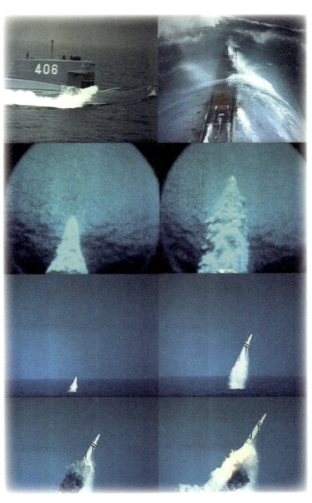

巨浪一号导弹在厂房

黄纬禄同巨浪导弹研制人员

巨浪一号导弹发射全过程

巨浪导弹接受检阅

地空导弹——雕弓飞箭

　　我国的地空导弹从仿制起步，研制成功红旗、红缨系列 20 多个型号，已形成中高空、中低空、低空、超低空的防空导弹系列，构成了高中低空、远中近程相结合的防空火力配系，拥有了不同发射方式、攻击不同空域目标的防空装备体系。

　　在 1984 年国庆 35 周年的阅兵中，空军由 32 枚红旗地空导弹组成 2 个防空导弹方队通过天安门广场接受检阅。在 1999 年国庆 50 周年的阅兵中，空军有 2 个地空导弹（野战防空导弹、新型中远程防空导弹）方队参加检阅。在 2009 年国庆 60 周年的阅兵式中，空军的红旗 7 号野战防空导弹、红旗 9 号远程地空导弹和红旗 12 号中高空中远程地空导弹三个方队参加阅兵典礼。

　　我国的地空导弹系列满足了区域防空、要地防空、野战防空、舰队防空、单兵防空的要求，实现了基本型、系列化、高起点、高水平。

火箭军导弹演习

红旗一号导弹

红旗一号中高空地空导弹

红旗一号源于 1960 年仿制苏联提供的 C-75 地空导弹，仿制代号 543，1964 年仿制定型后正式命名为红旗一号。

红旗一号在仿制中，先后由张立中、钱文极担任总设计师。

红旗一号地空导弹武器系统由导弹、制导站、发射架和地面支援设备组成。导弹动力装置由固体火箭发动机和液体火箭发动机两级组成。弹体总长 10.83 米，一级弹体直径 0.654 米，二级弹体直径 0.5 米，拦截目标高度为 3～22 千米，作战斜距 12～29 千米，主要用于攻击中高空、高速飞机和飞航式导弹，是保卫重要政治、经济和军事目标的防空武器。

红旗一号导弹阵地

红旗一号导弹部队

红旗一号导弹生产厂房

1960 年，我国全面开展 543 地空导弹的仿制工作。聂荣臻元帅指示，要发挥中国专家的作用，依靠自己的技术力量，把 543 导弹仿制出来。1964 年 10 月，导弹进行打靶试验，成功地击中了中高空模拟目标；12 月定型，标志着我国拥有了自己的防空导弹武器。

红旗一号导弹转运

钱文极：红旗一号地空导弹总设计师

曾任国防部第五研究院二分院副院长，参与领导地地导弹控制系统的研制，主持第一代地空导弹武器系统的设计、试制，兼任第一代地空导弹总设计师，组织完成红旗一号中高空地空导弹的研制定型，为发展我国地空导弹技术及创建地空导弹研制基地做出了重要贡献。

红旗一号导弹击落美制 U-2 飞机

1965 年 1 月 10 日，我国空军部队用国产的红旗一号地空导弹准确击落一架入侵我国华北地区上空的美制 U-2 侦察飞机，取得首次国产地空导弹击落敌机的战绩。

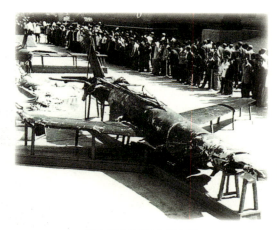

被击落的美制 U-2 飞机

红旗 2C 地空导弹

地空导弹

地空导弹（包括舰空导弹）是指从地面（或军舰上）发射，攻击空中飞行目标的防空武器系统，由导弹、测量与制导、发射装置和地面（舰面）支援设备组成。

地空导弹分类

按有效射击距离，地空导弹通常分为远程、中程、近程和超近程四类；按有效作战高度，地空导弹大致分为高空、中高空、中低空、低空和超低空五种类型；综合分为高空远程、中高空中程、中低空中程、低空近程和超低空超近程五类。我国地空导弹已形成超低空、低空、中低空、中高空地空导弹系列。

红旗 16 中程地空导弹

红旗 7B 超近程地空导弹

链接

SA-2导弹正在吊装

SA-2导弹在发射架上

苏联SA-2第一代地空导弹

苏联研制的两级中高空地空导弹С-75（通常称SA-2）共有6个型号，主要用于对付远程轰炸机和侦察机。

SA-2导弹A型弹长10.6米，弹径0.65米（助推段）、0.5米（弹身），发射质量2287千克，最大速度3马赫数。动力装置为固体助推器和可贮存液体发动机，制导用无线电指令，作战距离8～30千米，作战高度0.45～77千米，杀伤率70%。世界上许多国家都装备过SA-2地空导弹，而且在历次局部战争中也使用过这种地空导弹。

在SA-2导弹的基础上，苏联还研制了SA-3中程、中低空第二代地空导弹和SA-4全天候、中高空地空导弹。

美国霍克第一代地空导弹

美国早期研制的霍克地空导弹是一种全天候中程、中低空防空武器。它分基本型和改进型两种，主要用于国土和要地防空，可以对付飞机、战术弹道导弹和巡航导弹。

霍克地空导弹全长5.03米，弹径0.36米，起飞质量5.86千克，作战最大距离和高度分别为40千米和18千米，采用固体火箭发动和全

美国霍克地空导弹

程半自动雷达寻的制导。世界上有近30个国家和地区装备了霍克导弹，在1973年第四次中东战争中，这种导弹曾击落多架飞机。

红旗二号中高空地空导弹

　　红旗二号导弹在红旗一号基础上，增加了射高和作战斜距，加强了制导站的抗干扰能力和测量精度，改善了操作性能。导弹采用两级结构，全长 10.47 米，最大弹径 0.654 米，尾翼翼展 2.56 米，具有良好的气动外形和机动能力。作战高度 0.5～27 千米，斜距射程 5～34 千米，每次可连续发射 3 枚导弹。

　　我国从 1964 年开始自主研制红旗二号中高空地空导弹。陈怀瑾担任红旗二号导弹总设计师。红旗二号地空导弹多次飞行试验成功，1967 年定型装备部队。1967 年 9 月 8 日，我国地空导弹部队用新装备的红旗二号导弹击落一架窜入我国华东地区上空的美制 U-2 飞机。

红旗二号导弹发射

引信及战斗部

燃料舱

第二级液体主发动机

第一级固体火箭助推器

红旗二号中高空地空导弹结构图

陈怀瑾：红旗二号地空导弹总设计师

　　防空导弹总体技术与雷达技术专家。1957年调入国防部第五研究院二分院，担任过七机部二院副院长、航空航天部科技委副主任等职务。曾担任红旗二号地空导弹武器系统总设计师，主持完成研制并发射成功；还担任过其他地空导弹的总设计师和防空导弹系列副总设计师，为推进我国地空导弹技术的发展做出了重要贡献。

红旗二号甲导弹

红旗二号甲地空导弹

在红旗二号导弹的基础上，经过改进提高飞行速度和抗干扰能力，增强攻击垂直机动目标的能力和武器系统的自卫能力，研制成功红旗二号甲地空导弹。

红旗二号甲导弹总设计师是徐易。红旗二号甲导弹通过对伞靶、靶机和高空、高速、中空、水平、垂直机动等 17 个模拟目标的射击试验，达到了设计的战术技术性能指标。

链接

美国爱国者地空导弹

美国爱国者是第三代全天候、全空域地空导弹。导弹呈细长圆柱体，由整流罩、制导舱、战斗部舱、动力装置舱和控制机构五部分组成。导弹火控部分由雷达车、指挥控制车、电源车和无线车组成。

爱国者导弹长 5.3 米，弹径 0.41 米，翼展 0.87 米，发射质量 1 吨，弹筒质量 1.75 吨，最大速度 6 马赫数，作战距离最大 80～100 千米，最小 3 千米，作战高度最大 24 千米，最小 300 米。动力装置为高能固体火箭发动机，控制采用程序、指令复合制导，发射方式采用四联装箱式倾斜发射，杀伤率大于 80%。

红旗二号甲导弹参加 1984 年阅兵

战功赫赫的"英雄营"

美国爱国者地空导弹

红旗二号甲导弹营誓师大会

红旗二号乙导弹吊装

红旗二号乙地空导弹

通过改进红旗二号导弹，我国还研制成功红旗二号乙中高空地空导弹。由陈欣生任红旗二号乙导弹总设计师。

红旗二号乙导弹全长 10.8 米，发射质量 2320 千克，最大飞行速度 1250 米／秒，作战射高 1～27 千米，作战斜距 7～35 千米，改用发射车运载和发射，具有迎面、侧向、尾追的攻击能力。红旗二号乙导弹武器系统先后进行履带发射车的实弹射击试验和鉴定飞行试验，均获成功。

红旗二号乙导弹参加 1999 年国庆阅兵

红旗三号高空、高速地空导弹

1965年，我国决定研制高空、高速的红旗三号地空导弹，吴展、陈怀瑾先后担任总设计师。

红旗三号导弹扩大了作战空域，提高了抗干扰性能和制导精度，能拦截飞行高度达27～30千米、速度为1000米/秒的高空、高速目标。

红旗三号导弹进行了9次飞行试验，武装系统满足设计要求。之后拦截高空高速靶弹试验也获成功。

吴展：地空导弹和电信技术专家

1957年调入国防部第五研究院二分院，从事导弹控制系统的研制和防空导弹设计工作。曾参加红旗一号地空导弹的仿制，任型号副总设计师；主持红旗二号、红旗三号地空导弹的方案论证和设计，以及反导弹系统的总体设计工作；担任红旗三号地空导弹总设计师，为我国第一代地空导弹技术的发展做出了重要贡献。

苏联 SA-5 高空、远程地空导弹

苏联 SA-5 高空、远程地空导弹代号 C-200，又称"安加拉""维加"地空导弹，用于对付高空侦察机、高空远程轰炸机、预警指挥机、远程支援干扰机及空地弹载机等。

SA-5 导弹弹长 10.8 米，弹径 0.86 米，发射质量 7 吨，最大速度 5 马赫数。动力装置为 4 台并联固体助推器和 1 台液体主发动机，采用无线电指令制导和半主动连续波雷达寻的制导，作战距离 17～300 千米，作战高度 0.3～35 千米，杀伤率单发大于 70%。

苏联 SA-5 高空、远程地空导弹

美国奈基 2 型地空导弹

美国早期研制的奈基 2 型全天候、中高空地空导弹可用来对付高空高性能飞机、战术弹道导弹和飞航导弹，并可用来摧毁地面目标。

奈基 2 型导弹弹长 12.14 米，最大弹径 0.8 米，发射质量 4858 千克，最大速度 3.35 马赫数，作战距离 145 千米，作战高度最大 45.74 千米、最小 1 千米。动力装置为 4 台固体助推器和 1 台主固体火箭发动机，采用无线电指令制导、车载固定或野战发射方式，杀伤率 65%～80%。

美国奈基 2 型地空导弹

印度阿卡什地空导弹

印度研制的阿卡什中高空地空导弹是一种攻击飞机、弹道导弹等多种飞行目标的防空武器。导弹长 7.5 米，弹径 0.401 米。第一级用固体火箭助推器，第二级用冲压喷气火箭发动机，用半主动雷达导引和主动雷达寻的制导，最大射程 27 千米，射高 22 千米，用车载三联装发射。

印度阿卡什地空导弹

红旗 61 号中低空防空导弹

1966 年，我国开始研制红旗 61 号中低空防空导弹，包括舰空型和地空型两种型号。吴中英、梁晋才先后任总设计师。

红旗 61 号导弹全长 3.99 米，弹径 0.286 米，重量 300 千克，最大飞行速度 3 马赫数，最大飞行高度 8 千米，最大作战斜距 10 千米，最大翼展 1.166 米。采用半主动寻的制导、固体火箭发动机、半主动引信和制导引信、连续波雷达导引头、小型自动驾驶仪等技术。

红旗 61 号舰空导弹

装备红旗 61 号防空导弹的导弹护卫舰

红旗 61 号防空导弹

红旗 61 号舰空导弹武器系统由导弹、跟踪照射雷达、射击指挥仪、弹库、发射架和发控台组成。在护卫舰上安装两套发射装置，每套都能独立作战，可实现舰艇全方位防卫，能同时攻击 2 个来袭目标。

1986 年，红旗 61 号导弹装艇在海上进行武器系统定型飞行试验，取得圆满成功。

红旗 61 号导弹阵地

红旗 61 号防空导弹装备在护卫舰上

吴中英：红旗 61 号导弹总设计师

导弹技术专家。1957 年调入国防部第五研究院二分院，从事导弹研制工作。担任过七机部二院 23 所所长、上海机电二局总工程师、局科技委主任。任红旗 61 号地（舰）空导弹总设计师，组织重大技术改善，对地（舰）空导弹的成功和发展做出了重要贡献。

梁晋才：红旗 61 号导弹总设计师

导弹技术专家。1962 年调入国防部第五研究院二分院，从事导弹控制设备的研制工作。曾担任上海航天局科技委副主任等职务，领导突破地空导弹控制设备的关键技术，研制成功红旗 61 号导弹，对推进地空导弹技术的发展做出了重要贡献。

车载型红旗 61 号甲地空导弹

红旗 61 号甲地空导弹

在红旗 61 号舰空导弹的基础上，采用"海搬陆"的办法，我国又研制成功红旗61号甲地空导弹。红旗 61 号导弹地空型号与舰空型号的结构大体相同。

红旗 61 号甲导弹将发射架、导弹等装配在自行轮式越野车上，担负野战防空和要地防空的任务。具有机动性强、命中精度高、杀伤率大、使用维护简便等特点。

红旗 61 号甲地空导弹

红旗 61 号甲地空导弹参加阅兵

美国宙斯盾舰空导弹

链 接

美国宙斯盾舰空导弹

美国宙斯盾全天候、全空域舰空导弹用来保卫航母舰队、执行舰队区域防空任务。最大作战距离 70 千米，最大作战高度 19.8 千米。

法国海响尾蛇舰空导弹

法国海响尾蛇全天候、近程舰空导弹用于舰艇自身对空防御，对付低空、超低空战斗机和武装直升机。

海响尾蛇导弹长 2.94 米，发射筒长 3 米，弹径 0.156 米，发射质量 87 千克，筒弹总重 150 千克，最大速度 2.2 马赫数。采用单级固体火箭发动机，无线电指令、光电复合制导，八联装筒式倾斜发射。作战距离最大 13 千米（直升机）、10 千米（飞机）、8 千米（导弹），最小 700 米，作战高度最大 4 千米、最小 700 米，杀伤率单发 80%。

法国海响尾蛇舰空导弹

英国海标枪舰空导弹

英国研制的海标枪第二代中高空舰空导弹用于拦截高性能飞机和反舰导弹，也能攻击水面目标。

海标枪导弹由两级串联组成，一级为固体助推器，二级为冲压喷气发动机，采用全程半主动雷达寻的制导。导弹长 4.36 米，弹径 0.42 米，质量 550 千克，最大速度 3.5 马赫数，双联装／四联装发射架倾斜发射，作战距离最大 40～80 千米、最小 4.5 千米，作战高度最大 25 千米、最小 30 米。1982 年在马岛战争中使用，曾击落 5 架飞机和 1 架直升机。

英国海标枪舰空导弹

红旗七号超低空地空导弹

红旗七号地空导弹是我国第二代防空武器。它的作战高度为3～12米，主要用于机场、港口、油田、交通枢纽等要地防空。由钟山任红旗七号地空导弹总设计师。

红旗七号导弹具有低空、超低空性能好，能跟踪和拦截超低空目标；作战反应时间短，正常反应时间只需几秒钟；制导精度高，杀伤效果好；采用了新的综合抗干扰措施，抗干扰能力强；使用操作简便，自动化程度高；火力转移快，对付多目标的能力强；机动性能好，系统安全可靠；全天候性能好，可维修性好等特点。

在研制过程中，红旗七号导弹武器系统经过飞行拦截试验、车辆越野试验、展开撤收试验、反应速度与火力转移速度试验以及拦截超低空目标、组织全武器系统战斗使用性能试验，获得成功。

红旗七号超低空地空导弹

红旗七号导弹发射

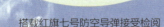

搭载红旗七号防空导弹接受检阅

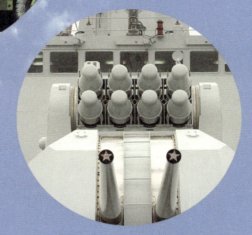

搭载红旗七号防空导弹深圳舰

搭载红旗七号导弹机动演练

钟山：红旗七号地空导弹总设计师

　　地空导弹和雷达技术专家，中国工程院院士。1958年调入国防部第五研究院二分院，从事地空导弹武器系统的研制。曾任七机部二院副院长，主持研制红旗七号第二代地空导弹，创造了模型弹、独立回路弹、闭合回路弹、战斗弹及全武器系统设计定型"五个"一次成功的纪录，为推进我国地空导弹技术的发展做出了重要贡献。

飞蠓 80 地空导弹

我国研制的飞蠓 80 地空导弹能有效应对各类高速飞机、武装直升机和飞航导弹。

飞蠓 80 导弹作战距离最大 10 ~ 12 千米、最小 0.5 千米，作战高度最大 5.5 千米、最小 30 米，采用光电复合制导和无线电指令制导；杀伤率单发 80%。探测跟踪与发射制导由搜索指挥系统和发射制导系统组成。

飞蠓 80 地空导弹阵地

飞蠓 80 地空导弹接受检阅

链接

苏联 SA-10 地空导弹

苏联研制的 SA-10 地空导弹代号 C-300，有多种型号，具有对付多目标、低空作战、机动作战和抗电子干扰能力，是一种使用固体推进剂的单级导弹。

SA-10 导弹长 7.5 米，弹径 515 毫米，发射质量 1800 千克，发射筒长 7.85 米，发射筒质量 2.3 吨，最大速度 1900 米／秒，作战距离 90 ~ 150 千米，作战高度 25 ~ 27 千米，杀伤率 80%。

苏联 S-300PMU2 型地空导弹

法国响尾蛇地空导弹

法国研制成功 5 种响尾蛇低空地空导弹。基本型导弹长 2.94 米，弹径 0.156 米，发射质量 84 千克，发射筒长 3.02 米，弹筒质量 125 千克。动力装置为 1 台固体火箭发动机，采用无线电指令制导，作战距离最大 8.5 千米、最小 500 米，作战高度最大 3 千米、最小 50 米，最大速度 2.2 马赫数，杀伤率单发 70%，双发 90%。

新一代响尾蛇低空近程防空导弹弹长 2.29 米，弹径 0.165 米，发射质量 75 千克，弹筒质量 95 千克，作战距离最大 11 千米、最小 500 米，作战高度最大 6 千米，最大速度 3.5 马赫数，用车载筒式倾斜发射，用于对付高机动战术飞机、直升机、空地导弹等目标。

法国响尾蛇地空导弹

红旗九号中高空、中远程地空导弹

红旗九号是我国研制的第三代地空导弹，具有控制空域广、机动性好、自动化程度高、抗干扰性能好等特点。

红旗九号导弹最大射程 300 千米，拦截弹道导弹的有效射程 25 千米，最大射高 15 千米，最小射高 0.5 千米，具有反弹道导弹能力。

在 2009 年国庆 60 周年庆典上，红旗九号地空导弹方队参加阅兵式，展现出它的雄姿风采。

红旗九号地空导弹发射

红旗九号地空导弹

红旗九号地空导弹接受检阅

俄罗斯 C-400 防空导弹

链接

俄罗斯 C-400 防空导弹

俄罗斯在 C-300 地空导弹的基础上经过改进，研制成功一种称为"凯旋"的 C-400 防空导弹。它不仅能攻击高、远目标，而且还能对付低空飞行目标。

C-400 导弹拦截飞机的最大距离为 400 千米，拦截弹道导弹的最大距离为 50～60 千米，是一种具有防空和反导能力的武器系统。

俄罗斯 C-400 防空导弹阵地

以色列箭 2 地空导弹

以色列箭 2 地空导弹

2000 年 3 月，以色列研制的箭 2 导弹防御系统正式部署。箭 2 地空导弹长 10.98 米，弹径最大 1.73 米，采用高能固体燃料发动机，最大飞行速度 10 马赫数，最大射程 100 千米，最大拦截高度 40～50 千米。它既可用来对付弹道导弹，也可用于对付飞机和巡航导弹。

红缨五号便携式防空导弹

1975 年，我国开始研制一种单兵肩射超低空防空导弹，命名为红缨五号。朱玉池、肖林先后任红缨五号地空导弹总设计师。

红缨五号导弹武器系统由导弹、发射机构和地面电池组成。导弹长 1.42 米，弹径 0.72 米，总重 15 千克，自重 9.8 千克，作战高度 50 ～ 2300 米，最大作战斜距 4200 米。作战时，导弹由士兵扛在肩上，在开阔地、战壕、沼泽地和屋顶上站着或跪着进行发射。红缨五号最早使用红外制导，具有体积小、重量轻、设备精密、使用维护简便，地面机动性好等特点。

在 1984 年国庆 35 周年阅兵典礼上，红缨五号导弹方队通过天安门广场亮相，此后也曾多次参加国内外航展。

红缨五号便携式防空导弹

红缨五号便携式防空导弹发射

红缨五号甲全天候防空导弹

　　1979 年，通过改进红缨五号导弹，我国开始研制红缨五号甲红外寻的制导的单兵肩射防空导弹。红缨五号甲导弹提高了导引头对复杂自然背景的抗干扰能力，增大了导引头探测器的探测距离，增强了战斗威力。范崇惠、叶尧卿先后任总设计师。

　　1984 年，红缨五号甲全天候、红外寻的制导导弹进行设计定型试验，达到了引导精度、可靠性等战术技术指标要求。1985 年设计定型。

红缨五号甲全天候防空导弹

前卫一号便携式防空导弹

前卫一号便携式防空导弹

　　前卫一号便携式防空武器系统由装筒导弹、发射机构、地面电池三个分系统组成。导弹由导引头舱、舵机舱、战斗部舱和联合动力装置组成。

　　前卫一号导弹发射筒长度 1.532 米，作战高度 30～4000 米，杀伤距离 500～5000 米，具有全面攻击目标、制导精度高、杀伤率高、轻便灵活、单兵作战、机动性好、隐蔽性高、使用方法简便等优点，是保卫道路、桥梁、机场等固定目标的防空武器。

链接

法国西北风便携式地空导弹

法国西北风便携式地空导弹

法国于1988年装备西北风地空导弹。武器系统一部分由导弹和密封发射筒组成，总重21.4千克，由单兵射手携带；另一部分是三角发射架，用来固定发射筒、光学瞄准装置和望远镜。

西北风导弹长1.81米，弹径0.09米，发射筒长1.85米，发射质量18.4千克，弹筒质量21.4千克。动力装置为1台助推器和1台固体火箭发动机，采用被动红外寻的制导，单兵三脚架发射。作战距离最大4千米（直升机）、6千米（飞机），最小0.3千米；作战高度最大4.5千米、最小15米，杀伤率90%。

苏联 SA-16 便携式防空导弹

苏联研制的SA-16是一种便携式红外制导防空导弹，用于拦截低空、超低空的各种飞机。动力装置是1台固体助推器和1台固体火箭发动机。弹长1.68米，弹径0.072米，导弹质量10.8千克，弹筒质量13.8千克，作战距离0.5～5.2千米，作战高度0.01～3.5千米，杀伤率10%～60%。

SA-16 便携式导弹发射训练

苏联 SA-16 便携式防空导弹

导弹发射演练

寒冷天气条件下导弹发射演练

美国红眼睛便携式防空导弹

美国早期研制的红眼睛单兵肩射防空导弹用于应对低空飞行的各种飞机。武器系统由导弹和发射装置两部分组成。导弹采用光学瞄准、红外跟踪；发射装置包括发射筒、光学瞄准具、信号放大器及电池等。

红眼睛导弹长1.28米，弹径0.07米，导弹质量8.17千克，发射筒质量3.86千克，最大速度1.6马赫数。动力装置为二级固体火箭发动机，采用红外寻的制导。作战距离5.5千米（最大）、500米（最小），作战高度2.7千米（最大）、150米（最小），杀伤率单发70%、双发90%以上，用车载或射手背负运输，单兵肩射。

美国红眼睛便携式防空导弹

海防导弹——鹰击海空

我国研制成功的岸舰、舰舰、空舰、潜舰等各种用途的反舰导弹系列，构成了海陆空潜、岸基海基相结合的海上综合防卫作战体系，具备了抗登陆、封锁重要海域和近海作战的能力。

在 1984 年国庆 35 周年阅兵中，海军有三种型号（新型多用途反舰导弹、巨浪潜射导弹和海鹰二号岸舰导弹）16 枚导弹组成的方队通过天安门广场接受检阅。在 1999 年国庆 50 周年庆典中，海军有舰舰、舰空等 4 个型号的 3 个方队参加阅兵典礼。在 2009 年国庆 60 周年庆典上，海军有舰空、岸舰、反舰 3 个导弹分队参加阅兵典礼。

我国已拥有上游、海鹰、鹰击等 20 多个飞航导弹型号，筑起了坚固的海上防线。我国的海防导弹在技术上已从亚音速发展到超音速、从液体发动机发展到固体发动机、从单项制导发展到综合制导，在小型化、高精度、超低空、抗干扰等技术领域取得了很大进展。

上游反舰导弹吊装

海鹰反舰导弹

发射鹰击反舰导弹

链接

飞航式导弹

飞航式导弹是指处于巡航飞行状态，以火箭发动机为动力，其飞行弹道初始段为爬升或下滑，中段、末段俯冲飞向目标的导弹。飞航式导弹包括巡航导弹、各种反舰导弹和空地、空舰导弹等海防导弹。

C-602飞航式反舰导弹

鹰击8号飞航式反舰导弹

巡航导弹

巡航导弹属于飞航式导弹，是指依靠喷气发动机的推力和弹翼的气动升力，主要以巡航状态在稠密大气层内飞行的导弹。

长剑10号巡航导弹发射

美军核潜艇吊装巡航导弹

国产轰6K搭载巡航导弹

运载三联装鹰击 62 号反舰导弹

海防导弹

　　海防导弹是指从地面、水面（水中）、空中发射，依靠翼面产生升力并实施操纵，用以攻击或打击海上活动目标的导弹，常称为飞航导弹或反舰导弹。

C-705 号反舰导弹

反舰导弹

　　反舰导弹是指从水面、水下、空中和岸上发射，用以攻击水面舰艇的飞航导弹，包括舰舰、潜舰、空舰、岸舰导弹。反舰导弹武器系统由导弹、火控系统、发射装置及地面设备组成，是现代对海作战的重要武器。

C-705 号反舰导弹发射

鹰击 83 号岸基反舰导弹

鹰击 62 号岸基反舰导弹

上游一号舰舰导弹

上游一号是我国仿制苏联的 п-15 舰舰导弹，仿制代号 544，仿制成功后命名为上游一号。李同力、吕琳先后任 544 舰舰导弹总设计师。

1958 年开始仿制，1963 年仿制完成，1966 年完成飞行试验。在定型试验中，以固定靶标和高速运动靶艇为目标，按不同高度、射程实施单射与双发齐射，取得 9 发 8 中的好成绩。1967 年 8 月，上游一号舰舰导弹设计定型。自此，我国拥有了第一种反舰导弹，结束了没有海防导弹武器的历史。

上游一号舰舰导弹

上游一号舰舰导弹发射

上游一号导弹武器系统由导弹和包括探测雷达、射击指挥仪、发控装置的舰面火控系统组成。导弹动力装置为液体火箭发动机和固体助推器，采用自主控制加自动导引的控制方式。

上游一号导弹用固体火箭助推器发射爬升，用两级推力的液体火箭发动机作主动力装置，用自控和自导进行控制。弹体全长 6.5 米，弹径 0.76 米，翼展 2.4 米，发射质量 2.1～2.5 吨，战斗部质量 510 千克，速度 0.9 马赫数，飞行高度 100～300 米，射程 8～90 千米。

上游一号舰舰导弹吊装

上游一号甲舰舰导弹

上游一号导弹经过改进，换装了末制导雷达和无线电高度表，简化了发动机，使用了集成电路运算放大器，使之满足了导弹超低空飞行弹道的控制要求，发展形成上游一号甲舰舰导弹。导弹飞行高度降到50米，使超低空飞行达到了先进水平。

上游一号甲舰舰导弹吊装

上游二号固体舰舰导弹

上游二号导弹是将动力装置内液体火箭发动机改成固体火箭发动机，提高了命中精度和可贮存性，具有小型化、超低空飞行的特点。

上游二号的另一种型号——飞龙二号

链接

苏联冥河反舰导弹

苏联早期研制的п-15近程亚声速反舰导弹又称冥河和SS-N-2A导弹，用于装备小型快艇打击驱逐舰，已多次用于实战。

苏联冥河反舰导弹

冥河反舰导弹外形像一架小飞机，弹长5.8米，弹径0.76米，翼展2.5米，发射质量2.3吨，巡航速度0.9马赫数，巡航高度100～300米。动力装置为1台液体火箭发动机和1台固体火箭助推器，制导采用自动驾驶仪加主动雷达导引头，射程40千米。后经过改进发展形成冥河改1、冥河改2中程超声速反舰导弹，并有舰舰、岸舰型号。

在1967年10月的中东战争中，埃及用苏制冥河舰舰导弹击沉以色列的艾拉特号驱逐舰，开启了冥河反舰导弹实战的先河。

海鹰一号岸舰导弹

1965年，钱学森主持审查了岸舰导弹武器的研制方案。方案中确定在上游一号舰舰导弹的基础上改型，自主研制一种岸舰导弹，命名为海鹰一号。梁守槃任总设计师。

海鹰一号岸舰导弹用于攻击敌方水面舰艇，保卫沿海城市、海港，封锁海峡、海湾。海鹰一号导弹首次组织飞行试验，预定射程70千米，固定靶标，平飞高度300米。导弹发射后，飞行姿态和弹道正常，但飞完最大动力航程，末段雷达未捕捉到目标。随后几次飞行试验都出现同样的故障。总设计师梁守槃在试验现场进行分析计算，建议发射导轨前端截短1.2米，将导流槽尾底板下偏以减小振动。此后，飞行试验获得成功。

海鹰一号岸舰导弹是我国自行研制的第一种海防导弹。

海鹰一号导弹在仓库

三联装海鹰一号导弹

海鹰一号岸舰导弹

海鹰一号导弹吊装

导弹驱除舰装载海鹰一号导弹

梁守槃：海防导弹系列总设计师

　　我国导弹技术开创者之一，著名导弹技术和发动机技术专家，中国科学院院士。1956 年调入国防部第五研究院，历任国防部五院三分院和七机部三院副院长，航天部科技委副主任、高级技术顾问。曾任 1059 地地导弹总设计师、海鹰一号导弹和海防导弹系列总设计师，对我国导弹技术特别是海防导弹的发展做出了突出贡献。

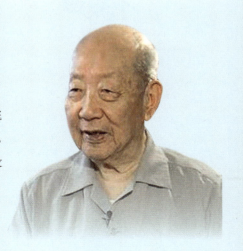

海鹰一号和海鹰一号甲舰舰导弹

1968年，我国决定将海鹰一号岸舰导弹装备到导弹驱逐舰上担负远洋护航任务，开始研制海鹰一号舰舰导弹。

1967年，海鹰一号舰舰导弹装在051驱逐舰上进行首次飞行试验，以单射和齐射方式，4发导弹全部命中目标。

1983年后，我国又对海鹰一号舰舰导弹作了改进，命名为海鹰一号甲舰舰导弹。海鹰一号甲导弹提高了抗电子干扰、抗海浪和突防能力。1985年进行飞行试验，取得全部命中目标的佳绩。

海鹰反舰导弹生产车间

海鹰一号甲舰舰导弹在实验室

链 接

美国捕鲸叉舰舰导弹

美国捕鲸叉舰舰导弹

美国捕鲸叉是全天候高亚音速掠海飞行的飞航式反舰导弹。导弹弹长4.581米，弹径0.344米，发射质量667千克，最小射程11千米，最大射程110千米，巡航速度0.75马赫数，战斗部重230千克。动力装置采用固体助推器和涡轮喷气发动机，制导采用中段惯性制导和末段主动雷达寻的导引，具有末段突然跃升而后俯冲攻击目标的能力。

海鹰二号岸舰导弹

　　1965 年，我国开始在海鹰一号岸舰导弹的基础上研制海鹰二号岸舰导弹，以加大射程，提高命中率。梁守槃任总设计师。

　　海鹰二号导弹全长 7.38 米，弹径 0.76 米，弹重 2990 千克，有效射程 20～90 千米，平飞高度 100～200 米，平飞速度 306 米／秒，单发命中率 70%，最大航程可达 105 千米，最大有效射程可达 95 千米。动力装置为 1 台液体火箭发动机和 1 台固体火箭助推器，采用自控和自导的制导体制。1 发导弹可击沉大型运输船，1～2 发导弹可击沉驱逐舰，3 发导弹可击沉巡洋舰。

海鹰二号岸防反舰导弹

海鹰导弹接受检阅

海鹰二号岸舰导弹发射

海鹰导弹发射

检测中的海鹰二号导弹

海鹰二号导弹武器系统由跟踪雷达站天线车、跟踪雷达站显示车、移动电站、指挥仪车、射前检查车、发射架车和发射架牵引车组成。作战过程由雷达搜索目标并计算目标方位、距离和航向，并将这些数据传送给指挥仪。当目标进入射击扇面并满足射击条件时，指挥仪向弹上发送相关指令，点火继电器吸合点火，导弹升空，飞向目标。

1984 年 10 月 1 日，在国庆 35 周年的阅兵方队中，海鹰二号岸舰导弹通过天安门广场接受检阅，外国人惊叹中国有了"蚕式"导弹。

海鹰二号导弹系列

海鹰二号岸舰导弹经过技术改进，已形成系列。

海鹰二号甲导弹。为提高导弹的抗干扰能力和突防能力，将海鹰二号岸舰导弹的雷达导引头更换成红外导引头，研制成功海鹰二号甲导弹，又称海鹰二号红外弹。1980年进行定型飞行试验，获得成功。

海鹰二号乙导弹。将海鹰二号岸舰导弹换装单脉冲体制的雷达导引头，选用新的高度表以降低导弹平飞高度，实现超低空飞行，研制成功海鹰二号乙导弹，或称海鹰二号降高弹。

1982年，海鹰二号乙导弹以6发5中的好成绩完成设计定型试验，形成一种新的反舰导弹。

海鹰二号甲导弹

海鹰二号乙导弹

海鹰舰舰导弹

意大利和法国的奥托马特岸舰导弹

意大利和法国联合研制的奥托马特岸舰导弹用于攻击水面舰艇。导弹弹长4.46米，最大弹径0.46米，翼展1.36米，发射质量770千克，飞行速度0.9马赫数，飞行高度20米，射程160～180千米。动力装置为1台涡轮喷气发动机和2台固体火箭助推器，战斗部质量210千克。

奥托马特岸舰导弹

伊拉克FAW70和FAW200岸舰导弹

FAW70是伊拉克在苏联冥河SS-N-2C基础上改型研制的近程亚音速岸舰导弹。导弹全长6.55米，弹径0.78米，发射质量2.5吨，巡航高度50～300米，射程80千米，战斗部质量500千克。动力装置为固体火箭助推器和液体火箭主发动机，采用自动驾驶仪和主动雷达制导，用于攻击大、中型水面舰艇。

FAW200外形布局和内部部件配置与FAW70导弹相似，主要改进是加长了燃料箱，导弹长度增加到8.0米，发射质量增加到2.74吨，射程增加到200千米。

FAW200 岸舰导弹

日本88式SSM-1岸舰导弹

88式SSM-1是日本开发的一种中程亚声速岸舰导弹，导弹全长5.08米，弹径340毫米，翼展1.16米，发射质量（有助推器）660千克，飞行速度0.9马赫数，巡航高度50米，射程最大150千米，战斗部质量225千克、装药120千克，用于攻击各种水面舰艇。

88式 SSM-1 岸舰导弹

海鹰三号岸舰导弹

1970 年，我国开始研制海鹰三号低空超音速岸舰导弹。导弹由两级动力装置组成，主要用于打击中型水上水面舰艇，具有单面封锁海湾的能力。

海鹰三号岸舰导弹

1979 年 7 月，海鹰三号导弹进行首次飞行试验。总设计师刘兴洲回忆说：当"点火"令下达后，海鹰三号导弹像一支利箭直射前方，"咔"的一声，越过声障，接着助推器呈十字形分离，"轰"的一声，冲压发动机点火工作，瞬间导弹就从视野中消失。但由于弹体的助力和发动机的推力不匹配，导弹减速飞行，试验没有完全成功。后来，经过改进，海鹰三号低空超音速岸舰导弹再次进行飞行试验，获得圆满成功。

海鹰三号导弹首次采用了先进的冲压发动机，具有抗干扰性能好、作战威力大的特点。

中国海军导弹发射训练

C-301 岸舰导弹

C-301 岸舰导弹

我国研制的 C-301 超声速岸舰导弹弹长 9.85 米，弹径 0.76 米，翼展 2.24 米，全弹重 4.9 吨，动力装置为 2 台液体冲压发动机和 4 台固体火箭助推器，飞行速度 2 马赫数，发射高度 0~400 米，射程 30~130 千米。作战目标为驱逐舰以上的大、中型舰艇。

链接

俄罗斯阿尔法岸舰导弹

俄罗斯于 1993 年首次展出阿尔法岸舰导弹。导弹弹长 8.5 米，弹径 0.53 米，发射质量 1200 千克，飞行速度 0.7 马赫数（中段）、2.1 马赫数（按近目标），飞行高度 5～7 米（末段），射程 200 千米。动力装置第一级是涡喷发动机加助推器、第二级是固体火箭发动机，制导采用惯导加主动雷达导引头，战斗部质量 200 千克。

俄罗斯潜艇装填导弹

俄罗斯阿尔法岸舰导弹

鹰击一号多用途反舰导弹吊装

鹰击一号多用途反舰导弹

鹰击一号多用途反舰导弹

在 1989 年第 38 届巴黎国际航空博览会上，我国的鹰击一号反舰导弹首次亮相。

鹰击一号导弹的主动力装置采用冲压发动机，巡航速度达两倍音速，最大射程 50 千米，具有突防能力强、弹小威力大、安全方便等特点。

鹰击一号导弹有舰载型和机载型两种。其中舰载型长 6.5 米，起飞质量 1850 千克。机载型长 7.5 米，弹径 0.54 米，翼展 1.62 米，起飞质量 1500 千克。

鹰击一号导弹总设计师是沈世绵。在鲍克明、刘兴洲的主持下，首先研制成功冲压发动机，为鹰击一号成功飞行创造了条件。

鹰击反舰导弹发射

C-101 舰舰导弹

我国研制的 C-101 超低空、超声速舰舰导弹装在导弹快艇、护卫舰和驱逐舰上，用以攻击驱逐舰以上的大、中型舰艇。

C-101 导弹武器系统由导引头、战斗部、引信、动力装置、控制及电气舱段组成。导弹全长 6.5 米，弹径 0.54 米，全弹重 1850 千克。动力装置为 2 台液体冲压发动机和 2 台固体火箭助推器，制导方式为自控加自导，飞行速度 2 马赫数，射程 12 ～ 50 千米。

C-101 舰舰导弹

链 接

苏联白蛉 3M80 反舰导弹

苏联研制的白蛉 3M80 近中程超声速反舰导弹又名日炙 SS-M-22，有舰舰型和空舰型两种。

导弹弹长 9.385 米，弹径 0.76 米，翼展 1.3 米，发射质量 3.95 吨。动力装置为 1 台液体燃料火箭冲压发动机，采用惯导加主／被动雷达导引头，飞行速度 2.3 马赫数，飞行高度 20 米（末段掠海高度 7 米），射程 90 ～ 120 千米，命中率单发 94%。作战目标为大、中型水面舰艇。

苏联白蛉 3M80 反舰导弹

轰 6 丁轰炸机

鹰击六号空舰导弹

1966 年，姚绍福、路史光等专家主持论证提出了空舰导弹的总体方案。1975 年获准由轰 6 丁飞机挂载导弹武器系统的研制。1977 年将这种空舰导弹命名为鹰击六号，路史光被任命为总设计师。

鹰击六号是我国第一种空舰导弹。导弹武器系统由飞机、导弹、机载火控系统和地面检测、装填设备组成，具有射程远、作战区域大、机动性能好等特点。

鹰击六号导弹全长 7.36 米，弹径 0.76 米，翼展 2.4 米，最大射程 105 ～ 150 千米，有效射程 25 ～ 100 千米，巡航速度 0.9 马赫数，平飞高度 70 ～ 100 米，单机载弹 2 发，单发命中率 70%。

鹰击六号导弹采用了许多技术措施，提高了导弹低空突防、抗干扰和生存能力，扩大了发射空域，满足了机载安全。1982 年开始进行海上飞行试验，全部直接命中目标，全面考核了导弹在最大高度、最低高度、大射程、小射程，固定靶场和活动靶场射击的性能。

轰 6 轰炸机挂载鹰击六号空舰导弹

C-601 空舰导弹

我国研制的 C-601 空舰导弹用于装备 B6D 飞机，用来攻击大、中型舰艇或舰队。导弹发射质量 2440 千克。动力装置为 1 台液体火箭发动机，采用水平投放、单射或齐射。具有飞行弹道较低、突防能力强的特点，并有良好的抗干扰性能。

C-601 空舰导弹

鹰击八号超声速反舰导弹

鹰击八号是我国第二代反舰导弹，于1977年获批研制方案。鲍克明、路史光、姚绍福先后担任鹰击八号导弹总设计师。

鹰击八号导弹全长5.8米，弹径0.36米，翼展1.18米，弹重815千克。舰舰型的射程8～40千米，平飞高度30米。采用两级固体火箭发动机，具有超低空掠海飞行、空防能力强、命中精度高、一弹多用和小型化的特点。1985年进行导弹装艇定型试验，发射全部命中目标。

鹰击八号有装艇、装机5种型号。首次出现在1984年国庆35周年阅兵典礼上，观礼台上的外国武官们看见这种细长身躯、小巧翅膀、多棱尾巴的飞航导弹，不禁惊叹道："飞鱼！飞鱼！"

鹰击81型超声速反舰导弹

测试中的鹰击八号超声速反舰导弹

鹰击83K空舰导弹

C-801 反舰导弹

C-801 反舰导弹

C-801 是我国研制的多平台发射的反舰导弹，可以装备快艇、登陆艇、驱逐舰和潜艇使用，也可作岸舰导弹。

C-801 弹体为圆柱形，由寻的雷达、战斗部、前设备舱、发动机、后设备舱、助推器及弹翼、尾翼组成。导弹动力装置是 1 台固体火箭主发动机和 1 台固体火箭助推器。由发射箱发射，单射或齐射，命中率 90%。

C-801 反舰导弹发射

航展中展示的 C-801 反舰导弹模型

链 接

法国飞鱼反舰导弹

法国飞鱼反舰导弹有多种型号，飞鱼 MM·38 是基本型，飞鱼 MM·39 是空舰型，飞鱼 MM·40 是舰舰型，飞鱼 SM·39 是潜舰型。

法国飞鱼反舰导弹

飞鱼 MM·40 是高亚声速、掠海飞行、超视距作战的舰舰导弹。导弹弹长 5.78 米，弹径 0.35 米，翼展 1.135 米，发射质量 855 千克。动力装置是 1 台环形固体火箭助推器和 1 台固体火箭主发动机。巡航速度 0.93 马赫数，巡航高度 15 米（中段）、3～5 米（末段），最大射程大于 70 千米，命中率 95%。

1982 年，在马岛海战中，阿根廷用 1 枚法国制造的飞鱼岸舰导弹击沉了英国的谢菲尔德号大型驱逐舰。飞鱼导弹因此名噪一时。

长剑十号陆基巡航导弹

　　长剑十号巡航导弹方队首次出现在 2009 年国庆 60 周年阅兵式上。陆基巡航导弹武器系统总设计师是刘永才。

　　长剑十号导弹弹长 8.3 米，弹重 2.5 吨，直径 0.68 米，巡航高度 50～150 米，最大巡航速度 0.75 马赫数，有效载荷 300～500 千克，命中精度 5～10 米。发射方式为三联装、机动地面发射，制导方式为复合制导，有效射程 1500～2500 千米，用于在近岸打击第一岛链之间所有目标，一枚导弹就可将一艘 7000～10000 吨级的导弹巡洋舰击沉。

长剑十号陆基巡航导弹发射

长剑十号陆基巡航导弹亮相珠海航展

阅兵式中长剑十号陆基巡航导弹方队

链接

美国陆基型战斧巡航导弹

美国战斧多用途巡航导弹

美国战斧多用途巡航导弹有海、陆、空射三种型号。A型导弹弹长6.172米（有助推器）、5.563米（无助推器），弹径0.527米，翼展2.654米，发射质量1450±5千克，巡航速度0.72马赫数（最大）、0.60马赫数（最小），巡航高度7.62～15.24米（海上）、10～250米（陆上），射程2500千米，命中精度30～80米。用于对付陆上战略目标、海上水面舰艇与航母舰队。

美国战斧巡航导弹生产线

美国斗牛士地地巡航导弹

美国早期研制的斗牛士TM-61巡航导弹有A、B、C三个型号，用于配合战斗轰炸机执行全天候战术攻击任务。

斗牛士巡航导弹弹长12.1米，弹径1.37米，翼展8.49米，发射质量5.443吨，动力装置为1台涡轮喷气主发动机和1台固体火箭助推器。A型采用雷达指令制导，战斗部质量990千克，巡航速度0.9马赫数，巡航高度10.675米，最大射程1040千米。

美国斗牛士地地巡航导

美国马斯 B-TM-76 巡航导弹

美国马斯 TM-76 巡航导弹

　　美国研制的马斯 TM-76 战术地地巡航导弹分为 A 型和 B 型。马斯导弹外形与斗牛士导弹基本相同，导弹弹长 13.42 米，弹径 1.37 米，翼展 6.98 米，发射质量 6.26 吨，巡航速度 0.9 马赫数，巡航高度 0.3～12 千米。动力装置为 1 台涡轮喷气主发动机和 1 台固体火箭助推器。制导 A 型用自动地形识别系统，B 型用惯导系统，最大射程 1120 千米。

发射架上的美国马斯 TM-76 巡航导弹

苏联 SSC-X-4 弹弓巡航导弹

苏联 SSC-X-4 弹弓巡航导弹

　　苏联 SSC-X-4 弹弓巡航导弹在国内的代号和名称叫 PK-55 石榴石导弹。弹长 8.09 米，弹径 0.51 米，翼展 3.3 米，巡航速度 0.9 马赫数，巡航高度 200 米，发射质量 1.7 吨，动力装置为涡扇发动机和固体火箭助推器，最大射程 3000 千米。

空空导弹——霹雳弦惊

我国空空导弹从仿制、改进、改型，逐步形成系列，走上自行研制的道路。

空空导弹是从飞机上发射，用来攻击和摧毁空中目标的制导武器。空空导弹按其制导方式分为红外型和雷达型；按其射程分为近、中、远程三类，其中射程在 20 千米以下的为近程，50 千米左右的为中程，80 千米以上的为远程。

空空导弹通常由弹体、制导、推进、战斗部等部分组成。它与机载发射装置、火力控制系统和地面设备等构成空空导弹武器系统，具有比航空机关炮射程远、命中精度高、杀伤能力大等特点，成为现代歼击机的主要武器装备。

我国已拥有以霹雳命名的空空导弹系列，成为保卫国家领空的重要武器。

霹雳系列空空导弹

1958 年，我国开始仿制苏联的 K-5 空空导弹，命名为霹雳一号空空导弹。

1967 年，我国又仿制成功 K-13 空空导弹，命名为霹雳二号。导弹由红外自动导引头、舵机舱、战斗部、火箭发动机、引信和弹翼组成。

霹雳二号导弹

机翼下的霹雳二号导弹

我国研制的霹雳三号空空导弹弹长 3.12 米，弹径 0.135 米，速度 2.5 马赫数，发射质量 93 千克。动力装置用 1 台固体火箭发动机，红外制导，射程最大 12 千米、最小 1.3 千米。采用尾追攻击方式，用于对付中型轰炸机和歼击轰炸机。

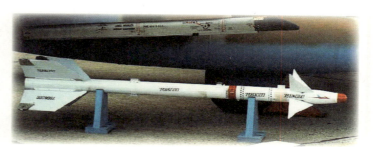

霹雳三号空空导弹

霹雳五号空空导弹

霹雳五号空空导弹弹长 3.128 米，弹径 0.127 米，翼展 657 毫米，弹重 148 千克，战斗部重 30 千克。实施尾追攻击，具有上射和下射的能力。

霹雳七号空空导弹弹长 2.75 米，弹径 0.157 米，翼展 0.66 米，弹重 90 千克。采用红外寻的制导，具有自动搜索截获能力，可以 2 马赫数的速度攻击距离 14 千米的敌方空中目标。

霹雳九号空空导弹弹长 2.9 米，弹径 0.157 米，发射质量 115 千克，采用固体火箭发动机和被动红外寻的制导。速度 3.5 马赫数，射程最大 15 千米、最小 500 米，作战高度 21 千米，用于攻击战斗机、轰炸机。

机翼下的霹雳九号导弹

霹雳七号空空导弹运送

2016 年第十一届中国航空航天博览会上展出的霹雳 10E 空空导弹

美国响尾蛇空空导弹

链 接

美国响尾蛇空空导弹

美军航母上飞机挂载响尾蛇空空导弹

美国研制的响尾蛇 AIM-9 是世界上第一种被动式红外制导的空空导弹，于1956年7月装备部队，主要用于从尾后攻击速度较慢的轰炸机，基本型是响尾蛇 AIM-9B。弹体为圆柱形，头部呈半球形。在结构上，导弹由制导控制舱、战斗部、触发引信、红外近炸引信、固体火箭发动机和弹翼6部分组成。

导弹弹长2.84米，弹径0.127米，翼展0.609米，发射质量75千克，速度2马赫数，作战高度15千米，射程11千米。

后在响尾蛇 AIM-9B 的基础上不断改进，形成了响尾蛇 AIM-9C、AIM-9D、AIM-9E 等多个系列型号。

加挂美国麻雀空空导弹

美国麻雀系列空空导弹

美国研制的麻雀系列导弹是雷达制导的空空导弹，共有 12 个型号。

麻雀 1-AIM-7A 空空导弹弹体为圆柱形，头部呈尖锥形。弹长 3.8 米，弹径 0.2 米，翼展 0.7 米，发射质量 148 千克，速度 2.8 马赫数。动力装置为固体火箭发动机，制导方式为惯性加雷达驾束式制导，射程 84 千米，用于攻击 1 马赫数速度以上的轰炸机。

麻雀 3B-AIM-7M 空空导弹弹长 3.66 米，弹径 0.203 米，翼展 1.02 米，发射质量 231 千克，速度大于 2.5 马赫数。全向全高度攻击，半主动雷达制导，射程 45 千米，用于攻击轰炸机、战斗机和巡航导弹。

航母上运送麻雀空空导弹

后 记

　　随着我国航天事业的高速发展和取得的辉煌成绩，航天的科技成果和动态已成为全国人民关注的热点，尤其是广大青少年对航天技术表露出浓厚的兴趣。航天院士和技术专家在全国各地宣讲航天知识时也深切感受到孩子们对航天知识的渴望。基于此，《筑梦科技·航天篇》系列丛书得以策划出台。

　　本套丛书分为《载人航天》《神剑腾飞》《卫星巡天》《九天揽月》和《登天火箭》五册。主要围绕最新的航天科技成果，结合当前人们最关心的航天科技话题，以生动活泼的形式系统介绍航天技术的发展过程和相关知识，并以此为主线，穿插介绍我国航天领域的科技专家。目的是在青少年中广泛宣传"'中国梦'就要通过'科技强国'来实现"的理念，将实现"中国梦"具体化、形象化。丛书通过对航天知识的介绍，使广大读者了解我国航天事业从无到有，从小到大，从弱到强的发展过程以及科学家及广大科技工作者艰辛的奋斗历程，深刻理解科技强国实现"中国梦"的内涵。

　　在本套丛书的成书过程中，得到了航天科工办公室和中国科学院院士梁思礼、中国工程院院士张履谦的极大关注和大力支持。在选题策划会上，两位老院士不顾年事已高，亲自参加会议，对这套图书寄予了深切希望；航天领域的专家吴国兴、尹怀勤、刘登锐、孙宏金、杨建亲自执笔，并进行了多次修改，保证了图书的专业性和权威性；原中国科普作协秘书长，时任科学普及出版社人物研究所顾问的张秀智老师从选题的提出到稿件的组织提出了宝贵的意见和建议；丛书主编田如森老师参与了策划、设计、审稿全过程，对图书的出版倾注了大量心血和精力；负责排版的徐文良老师不辞辛劳，一遍遍不厌其烦地修改完善版式设计，花费了大量时间……在此向他们深表感谢！正是由于大家的共同努力，才使本套丛书得以顺利出版。另外，本书编写中参考了《中国航天报》《中国航天》《太空探索》《国际太空》等报刊上的有关文章，以及《当代中国的航天事业》等书籍，感谢南勇、田锋、秦宪安、张贵明、吴国兴、邱乃勇、张贵玲、张彧、田奕、林巧英、张旭明、张淑芳等提供资料，同时感谢中国宇航学会的帮助和支持。

　　本套丛书在内容上不求"面面俱全"，不求知识层面上"大的系统性、完整性"，而要做到"答疑而有趣"，就某一个问题进行系统性的讲解，且知识深度适宜；在版式上坚持以图为主，多用真实图片来普及航天知识。由于出版时间有限，错误和缺陷在所难免，希望读者和专家不吝赐教。